我爱大自然

悠然之夏

赛文诺亚 主编

北方妇女儿童出版社

·长春·

图书在版编目（ＣＩＰ）数据

悠然之夏 / 赛文诺亚主编. -- 长春 : 北方妇女儿
童出版社, 2023.8（2024.7重印）
（我爱大自然）
ISBN 978-7-5585-7057-5

Ⅰ.①悠… Ⅱ.①赛… Ⅲ.①自然科学—儿童读物
Ⅳ.①N49

中国版本图书馆CIP数据核字(2022)第209079号

我爱大自然：悠然之夏
WO AI DA ZIRAN YOURAN ZHI XIA

出 版 人　师晓晖
策 划 人　陶　然
责任编辑　左振鑫

开　　本　889mm×1194mm　1/16
印　　张　2
字　　数　50千字

版　　次　2023年8月第1版
印　　次　2024年7月第2次印刷
印　　刷　山东博雅彩印有限公司

出　　版　北方妇女儿童出版社
发　　行　北方妇女儿童出版社
地　　址　长春市福祉大路5788号
电　　话　总编办：0431-81629600
　　　　　发行科：0431-81629633

定　　价　42.80 元

目录

一个个小喇叭似的
牵牛花

夏天的清晨，在大树旁或者墙边，你经常可以看到牵牛花。它们就像一个个五颜六色的小喇叭，开心地绽放着。

牵牛花的花朵还会变颜色呢！如果把一朵红色的牵牛花放在肥皂水里，它会变成蓝色；然后把变蓝的牵牛花放在醋里，它又会重新变成红色了，好神奇啊！

你也许会觉得奇怪，牵牛花在清晨竞相开放，可到了中午，一个个"小喇叭"却全蔫了。

原来，牵牛花的花冠又大又薄，很容易散发大量水分。清晨的空气比较湿润，气温也不高，牵牛花体内的水分十分充足，所以绽放出一朵朵鲜艳的花朵。可到了中午时分，气温升高，空气也逐渐干燥起来，花冠里的水分逐渐散发出去，又不能及时得到根部供给，所以花冠很快就卷起来了。

攀爬速度快

牵牛花的茎是攀爬高手，且速度奇快。它细长的茎一天可伸长5~8厘米，被它攀住的植物常被缠得喘不过气来。

浑身长满硬刺的海胆

海胆生活在凉爽的海边。大多数海胆都像略扁的圆球，而且是一个浑身长满硬棘的家伙，或像一个抱成团的刺猬，或是一个带刺的紫色仙人球，千万不要轻易去碰它。

海胆身上的棘有长有短，有粗有细。棘中间还有许多长短不一的"脚"，这些有趣的"脚"都带着吸盘，能吸在其他东西上。

海胆会自我修复

刚被翻过来的海胆，马上就伸直了管足，拼命要翻回去。因为海胆一旦被翻过身来，就失去了抵抗能力。海胆的再生能力很强，无论是身上的棘脱落、外壳破损还是其他外部器官损伤，它都能一一修复。

海胆的构造 ⬇

棘

生殖腺

消化管

放射水管

管足

牙　口

模样奇怪的寄居蟹

沙滩上有很多漂亮的螺壳，拿起一只，咦，怎么螺壳会咬人呢？哦，原来里面藏着一只寄居蟹。

你看到的螺壳其实是寄居蟹的家。它们常常背着只螺壳，在浅海的岩石上爬来爬去。整个看起来模样很怪，既像虾，又像蟹。

其实，寄居蟹本身也有壳，但它的壳不太坚硬，而且腹部柔软极了，一节一节的，呈螺旋形，这是因为它老住在螺壳里形成的。

你瞧它一两根又细又长的触须在天空中甩来甩去，还不停地摆动大钳子，仿佛在警告敌人不许靠近。

寄居蟹的身体结构 ➡

用小石头敲击寄居蟹的外壳，寄居蟹就会从螺壳里面钻出来。

第二触角　　钳子（螯）

第一触角

步行足

尾足

腹足

沙滩上面有各种各样的奇怪小动物，当然也有很多寄居蟹。寄居蟹的种类很多，形状也不尽相同。让我们认识一下其中的4种吧！

草莓寄居蟹 ⬆

草莓寄居蟹算是寄居蟹当中最美丽也最容易分辨的种类，因为它们通体鲜红，并且散布着白色斑点，几乎就是草莓的化身。

短掌寄居蟹 ⬆

短掌寄居蟹具有一只特大的紫色左螯足，圆形的眼睛，还有深色的触须。

长腕寄居蟹 ⬆

长腕寄居蟹的右螯足比左螯足大。它的壳长约1厘米。

双斑细螯寄居蟹 ⬆

双斑细螯寄居蟹总是把肚子装在壳里。它的壳长约1厘米。

飞行技术高超的海鸥

　　炎热的夏季，在海边常常能看到海鸥的影子。海鸥的飞行技术十分高超，甚至在飞行中还可以去捉靠近水面游动的小鱼。

　　海鸥既吃小鱼，也吃小螃蟹，甚至吃有硬壳的贝类。如果它们咬不开贝类的壳，就会带着贝类飞到高空，然后将其扔到石头上摔碎，以便顺利吃到壳里面的肉。

　　看海鸥的脚爪，是蹼状的。

海鸥除了以鱼虾、蟹、贝为食外，还喜欢捡食人们抛弃在船上的残羹剩饭，所以它又被称为"海港清洁工"。它们常常光临港口、码头、海湾、轮船周围等地方。在航船的航线上，也会有海鸥尾随跟踪，就是在落潮的海滩上漫步，也会惊起一群海鸥。

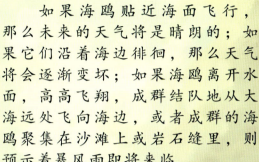

预知天气

如果海鸥贴近海面飞行，那么未来的天气将是晴朗的；如果它们沿着海边徘徊，那么天气将会逐渐变坏；如果海鸥离开水面，高高飞翔，成群结队地从大海远处飞向海边，或者成群的海鸥聚集在沙滩上或岩石缝里，则预示着暴风雨即将来临。

"呱呱"叫的青蛙

　　盛夏的荷塘边，传来"呱、呱、呱"的声音，原来是青蛙在叫。如果它遇到危险时，会发出急促的叫声；当它感到天气舒服时，也会叫个不停；而且，它还会发出叫声谈恋爱呢！

　　青蛙不仅吃蚊子、苍蝇等小昆虫，还大量捕食田间的害虫。

　　青蛙会一动不动地蹲坐在池塘边，目不转睛地注视着迎面而来的各种小虫子。忽然，它伸出长长的舌头，将飞虫黏住并卷进嘴巴里。

牛蛙 ⬇

　　牛蛙的个头儿大，叫声也大，酷似牛叫，所以叫牛蛙。它的身体呈绿色或棕色，腹部呈白色或浅黄色，四肢粗壮。

　　不知道你注意到没有，青蛙每次吞咽食物的时候都会眨眼睛，吞咽的食物越大，眨眼睛的次数越多，直到把这些食物全部吞下去为止。这是为什么呢？

　　原来，青蛙的眼眶底部没有骨头，眼球与口腔之间只隔着一层薄薄的膜。它没有牙齿，只能把食物整个儿吞下去。吞咽时眨眼，同时眼球向着口腔的方向突出，形成一种压力，将食物推进食道。

蟾蜍 🔻

　　蟾蜍也叫蛤蟆，它长得可不怎么好看，在身体的表面长满了大大小小的疙瘩，里面有毒腺。白天，蟾蜍总是躲在石头下或草丛里，晚上才出来寻找昆虫和蚯蚓。它们一般在2~4月产卵，产下的卵排成一串一串的。

拥有一双透明翅膀的蜻蜓

每逢雨前雨后，蜻蜓会成群结队地在空中飞翔。瞧啊！它们的姿态多么轻盈优雅啊！

你看，蜻蜓的脑袋大大的，两只晶莹剔透的大眼睛占了头的大部分，就像镶嵌着两块球形宝石。

蜻蜓那两对翅膀狭长、透明，又轻又薄，而且翅膀的前缘长有黑色的小痣。这个黑色的小痣作用可大了，它能保证蜻蜓正确地飞行。如果没有它，蜻蜓飞行时会变得像醉汉一样摇摇晃晃、飘来荡去。

看，那边一只蜻蜓在水面上轻轻点了一下，就飞了起来。这样的动作你也许见过很多次了。那么，蜻蜓为什么要点水呢？其实，这是蜻蜓在产卵。蜻蜓的卵是在水里孵化的，所以交配后，蜻蜓飞到池塘的水面上，不时把尾巴往水中一浸一浸地低飞着，把卵产到水里。

水虿长得一点儿也不像蜻蜓，没有翅，也没有尾巴，身体扁而宽，也有3对足。它要在水中过很长时间的爬行生活，主要吃池塘中的蜉蝣或蚊子等昆虫的幼虫，偶尔也捕食小蝌蚪和鱼苗。

池塘边的小灯笼 —— 萤火虫

天色渐渐暗了下来，池塘边又亮起了一盏盏的小灯笼，那就是萤火虫。

萤火虫怎么会发光呢？原来，它的腹部有一个小小的发光器。因为萤火虫只有米粒那么大，所以它的发光器就更小了。

当萤火虫遇到危险的时候，它的发光器就会发出急促的橙红色的闪光，向其他同伴发出信号。于是，其他萤火虫就会迅速地将"灯光"熄灭，藏在草丛中。直到危险过去，它们才会重新飞回空中，重新亮起一盏盏明灯。

萤火虫的腹部有一个发光器，能发出亮光。萤火虫的体长约有10毫米，它的发光器更小。发光器里面含有能发光的物质，发出的光有黄绿色的，也有橙红色的，亮度也各不相同。萤火虫会改变"灯光"的颜色，以此来传递不同的信息。

15

挥舞着大钳子的螳螂

呀！那不是螳螂吗？在草丛里，如果不仔细观察，还真不容易发现它的存在呢！

螳螂的头部呈三角形，活动起来十分灵活，可以自由转动。

瞧！在螳螂的前足上，有一对大钳子，大约占它身体长度的一半，挥舞起来十分威武！螳螂常常会挥舞着它们捕捉猎物和防御敌人。

螳螂的身体经常呈翠绿色，能很好地与周围环境融为一体，而且它还会根据环境的不同变换多种姿势，让敌人根本看不出来。

螳螂虽然挎着两把大刀，像个勇士，但它们大多数并不喜欢追逐厮杀，而是热衷于静静地伏击猎物。它们竖起自己的大刀，等待着猎物靠近。在这种情况下，猎物往往不能察觉到危险的存在。时机一到，螳螂迅速地立起身子，用大刀狠狠一击，将猎物吃进肚子里。

　　雌螳螂在新婚之夜居然会吃掉自己的配偶，天哪，它饿晕了吗？没错，雌螳螂与雄螳螂交配以后，急需补充大量的营养，来满足肚子里卵粒的成长需要，同时制造出大量胶状物质以备产卵时用。所以它在婚后会无情地将自己的配偶吃个精光。不过，雄螳螂可是心甘情愿的。

善于伪装

　　螳螂穿着一身绿色的"伪装服"，隐藏在草丛和树丛里，一点儿也不容易被发现。有的螳螂干脆伏在草丛里，伪装成一片叶子或一朵盛开的兰花，诱骗昆虫自投罗网。

喜欢滚粪球的 蜣螂

火热的夏天，走在田野中。有时你会发现一对对黑黝黝的蜣螂，滚着一团黑不溜秋的小粪球，动作相当滑稽。

你瞧——它的头前面非常宽，上面还长着一排坚硬的角，排列成半圆形；身子肥嘟嘟的。

那团圆圆的粪球是蜣螂最喜欢吃的食物，它往往从早到晚一直不停地吃，而且边吃边拉，拉出来的黑色粪便，形状就像一条条线，足有两三米长。

蜣螂之间还会争夺粪球，把争来的粪球当作食物储藏室，为自己的儿女储藏食物。雌蜣螂与雄蜣螂会事先挖好地洞，然后把粪球推到里面放好。等到交配以后，雌蜣螂便在每个粪球上方的中心产下一枚卵，这个粪球就是即将出世的幼虫所需的全部食物，其能量足够支撑幼虫化蛹并变成成虫。

经过大约10天，雌蜣螂产在粪球上的卵，就会孵化出白色透明的幼虫。幼虫一出来，就会吃围在它四周的粪便，而且通常从比较厚的地方吃起，以免让自己掉下来。不久，它就变得肥胖起来。大约需要3个月，蜣螂幼虫就变为成虫了，之后就开始滚粪球了。

粪便的形状就像一条线

蜣螂的种类非常多，全世界已知大约有2万种。它们的体型大小相差悬殊，最大的像一只乒乓球，而小的只有纽扣般大小。它们最喜欢吃的就是大便了，往往从早到晚一直不停地进食，而且边吃边拉，拉出来的黑色粪便形状就像一条线，足有两三米长。

会吸血的蚊子

　　夏天的傍晚，在室外吹吹凉风是多么惬意的事情，可很多"嗡嗡"乱飞的蚊子总会扫了我们的兴。在草丛中，蚊子似乎变得更多。蚊子是怎样叮人的呢？为什么被它叮过的地方会肿起一个小包？让我们一起来了解一下其中的小秘密吧。

　　"好长啊，肯定是这针尖儿似的口器在害人。"不错，它是由6根特别细的细针组成的，这6根细针中有1根是食道管，1根是分泌唾液的唾液管，2根是能刺破皮肤的"刺血针"，还有2根像锯齿一样能割开皮肤。

　　所有蚊子都会叮人吗？才不是呢！只有雌蚊子会叮人，拼命地吸血。其实，它这么做并不是为了自己，要知道，每只雌蚊子一生总共要产下1000～3000粒卵呢！所以，要使其卵巢发育，它必须不停地吸血。

蚊子的幼虫叫孑孓，孑孓生活在水中。几天后，水面上出现了皮屑一样的漂浮物，别担心，那是孑孓蜕下的皮。孑孓一共要蜕三次皮，才能变成拖着一条"尾巴"的椭圆形的蛹。别看蛹和蚊子长得一点儿也不像，再过两三天，它就能羽化，成为一只真正的蚊子了。

孑孓和水虿

蜻蜓和蚊子从小到大都是一对冤家对头。蜻蜓的成虫吃蚊子的成虫，而蜻蜓的幼虫叫水虿，也吃蚊子的幼虫孑孓。

参加"相亲"的蚊子

交配的时节到了，雄蚊子们纷纷发起了"相亲"大会。它们卖力地飞舞着，以便使自己身上特殊的腺体发出的"香味"，更加浓郁地散发开来。要知道，雌蚊子最喜欢这味道了，它们被这种气味吸引，纷纷赶来与雄蚊子相见，然后交配。交配以后，雌蚊子把卵产在水中。

23

顶着一个大犄角的独角仙

看——树上趴着的是什么？头上长着一个坚硬的犄角，显得威风凛凛。仔细一看，原来是独角仙啊！它们白天躲在树干或泥土缝隙里休息，晚上才出来活动。

独角仙的力气很大，可以拉动比自己身体重二十倍的东西。打斗时它通常会将犄角伸入敌人的腹下，将对方挑到半空中后，再任其摔到地上。

独角仙的饭量特别大，喜欢吃树干上流出的甜甜的汁液。它还相当霸道，有时为了争夺食物而大打出手，将树干上其他的昆虫都赶跑。

树干上的一见倾心

　　在树干上，当雄独角仙找到心仪的对象时，就开始摇动它那只犄角，并摆动翅膀，发出"沙——沙——沙"的声音，希望雌独角仙对自己也一见倾心。如果此时雌独角仙留在原地没有飞走，就表示它也动了心，于是便和雄独角仙开始交配。

产在地下的卵不会集中在一起

　　交配后，雌独角仙就开始寻找含有充足养分的腐殖土，准备钻到里头产卵。产卵的数量会根据产卵的环境而变化，一次在20~60粒。它考虑得很周到，产下的卵不会集中在一起，以免幼虫孵化后，因食物不足而无法生存。雌雄独角仙完成繁衍后代的任务后不久就会死去。